我是传奇

羽生结弦

流年 著 锄豆文化 编绘

北京时代华文书局

图书在版编目（CIP）数据

羽生结弦 / 流年著；锄豆文化编绘． — 北京：
北京时代华文书局，2024.3
（我是传奇）
ISBN 978-7-5699-5397-8

Ⅰ．①羽… Ⅱ．①流… ②锄… Ⅲ．①儿童故事—
中国—当代 Ⅳ．① I287.5

中国国家版本馆 CIP 数据核字（2024）第 052766 号

拼音书名	WO SHI CHUANQI
	YUSHENG JIEXIAN

出 版 人	陈　涛
选题策划	直笔体育　徐　琰
责任编辑	马彰羚
责任校对	初海龙
封面设计	王淑聪
责任印制	訾　敬

出版发行	北京时代华文书局 http://www.bjsdsj.com.cn
	北京市东城区安定门外大街 138 号皇城国际大厦 A 座 8 层
	邮编：100011　　电话：010-64263661　64261528

印　　刷	三河市嘉科万达彩色印刷有限公司　0316-3156777
	（如发现印装质量问题，请与印刷厂联系调换）

开　　本	710 mm × 1000 mm　1/16　印　张	2.5　字　数	29 千字
版　　次	2024 年 3 月第 1 版　　　　　印　次	2024 年 3 月第 1 次印刷	
成品尺寸	170 mm × 230 mm		
定　　价	198.00 元（全十册）		

版权所有，侵权必究

开 篇

有些人喜欢羽生结弦，
或许与他的颜值有关——
"冰上人如玉，公子世无双"。

有些人喜欢羽生结弦，
或许与他的技艺有关——
"翩若惊鸿，婉若游龙"。

但真正喜欢他的人，
一定都是被他的精神力量折服。

他对花样滑冰有着最清澈、真挚的爱，
并为此奋不顾身。
他秉承着永不言弃的初心，
拼尽全力地将热爱之事做到完美。

他永远拒绝得过且过的人生，
他说："曾经有许多艰辛之事，但没有不拂晓的夜晚！"
或许这才是羽生结弦能够被冰迷喜爱、被历史铭记的最佳理由。

羽生结弦

身体羸弱的**顽皮少年**
却被恩师发掘隐藏天赋

1994年羽生结弦出生于日本仙台的一个普通家庭，他的父亲是一位教师，母亲是一名家庭主妇。

父亲希望羽生结弦的人生

能够像弓上的弦一样张弛有度，

即使遇到挫折，他也能昂首挺胸有尊严地面对，

便给他取名叫"结弦"。

羽生结弦小时候并没有展现出在运动方面的天赋，反倒早早患上了**哮喘病**。

4岁那年，小羽生跟着姐姐一起来到冰场。看着光滑的冰面和在冰面上滑行的孩子们，小羽生跃跃欲试，不停地在旁边欢呼呐喊。

> 姐姐好棒！

山田教练觉得小羽生太吵了，只能同意他踏上冰场。母亲觉得滑冰不用吸入灰尘，又能强身健体，对小羽生的身体非常有益，便也同意了将他送上冰场。

其他的孩子第一次踏进冰场，都会害怕得不敢动弹。小羽生却一点儿也不怕，穿上冰鞋就飞快地冲到冰场中央，结果摔了个大跟头，脑袋重重地撞在冰面上，虽然他当时戴着头盔，但还是把山田教练吓出了一身冷汗。

山田教练想过去把小羽生扶起来，谁知小羽生自己爬起来，又像箭一样冲了出去。

山田教练惊讶地说："我从来没见过像他这样一点儿也不害怕冰面的孩子。"

山田教练立刻意识到，

小羽生也许天生就是滑冰的料。

从那以后，山田教练开始关注小羽生。

很快，山田教练发现小羽生不但胆子大，而且身体十分柔软，只要一踏上冰面，小羽生的手脚就会不自觉地舒展开来，脑袋也会跟着音乐舞动。

"这孩子身上有滑冰的天赋！"山田教练又惊又喜，决定好好培养小羽生。

可是小羽生太调皮了，他对周围的一切都**充满好奇**，往往练习几分钟就会感到厌烦，然后便不知道跑到哪里去了。

幸运的是，山田教练没有对顽皮的小羽生失去耐心。她建议小羽生写滑冰日记，把没完成的事情记下来。后来，练习之后、睡觉之前、灵光乍现地想出某种跳跃方法的时候，小羽生都会记在日记本上。

这本日记被羽生结弦称为"研究笔记"，他还会带着日记本到冰场照着训练，**寻找适合自己的跳跃方法。**

在山田教练的耐心教导下，小羽生逐渐走上训练的正轨。可是天下没有不散的筵席，小羽生二年级结束的时候，山田教练要离开仙台了。在临走之前，山田教练给自己的恩师、当时非常著名的滑冰教练都筑章一郎打了一通电话：

老师，拜托了，请您来一趟仙台。我保证不会让您白跑一趟。因为这孩子真的很厉害。

就这样，小羽生开始跟随都筑教练训练，都筑教练也很快发现了小羽生身上蕴藏的罕见天赋：

羽生有着一种非凡的音乐表现力。

"伴随着音乐滑冰的时候，小羽生像变了一个人似的，展现出活灵活现的表演。**他非常热爱爵士乐**，只要配上爵士乐，他立刻就会变得活蹦乱跳的。"

不仅如此，小羽生的平衡感和其他方面的能力也都非常出色。对于教练来说，能够发现这样一个好苗子，就像捡到了绝世珍宝一样珍贵。所以，都筑教练非常尽心地培养小羽生。

初出茅庐的**花样滑冰新星**
却差点因天灾告别冰场

小学四年级时，羽生结弦第一次参加日本的全国花样滑冰比赛便一举夺冠，并迅速成为全日本青少年花样滑冰的明星运动员。

2008年，羽生结弦拿到了**全日本青少年花样滑冰锦标赛**的冠军。2009年，羽生结弦进入**世界花样滑冰大奖赛青年组总决赛**，并最终获得冠军。2010年，羽生结弦在**世界青少年花样滑冰锦标赛**中拿到冠军，成为日本第四位该项目的世青赛冠军。

初出茅庐的羽生结弦逐渐登上国际舞台，他也顺利地开始参加成人组的比赛。

然而此时一场意外不期而至——

2011年日本发生了大地震，羽生结弦被迫住进了避难所，每天要排队3个小时才能拿到食物。

最后，在都筑教练的帮助下，羽生结弦在东神奈川冰场恢复了训练。但地震带来的伤痛，让他产生了想要放弃滑冰的念头。

然而在这个灰心丧气的时刻，羽生结弦收到了许多来自各地的邀请，人们都希望看见羽生结弦在冰面上翩翩起舞，因为他的表演能带来**温暖和力量**。

羽生结弦感动得热泪盈眶，带着人们的期望再一次踏上冰场。

宽敞明亮的冰场，观众热情洋溢的笑脸，让他看到了灾后的希望和信心。

羽生结弦用一场场精彩的演出，向所有帮助过他的人们表达着感激之情。

这次特殊的经历，让羽生结弦的心境发生了变化。

以前花样滑冰只是他个人的爱好，地震以后他发现自己的表演竟然能给普通人带来勇气，花样滑冰**不再是他一个人的事**。

于是，他调整好心态，努力尝试难度更高、观赏效果更好的新动作，**拼尽全力训练**。

虽然练习的过程是非常痛苦的,羽生结弦结束一天的练习后,经常会浑身酸疼到睡不着觉,但他一直咬牙坚持着。每当快要支撑不住的时候,他都会告诉自己:

"曾经有许多艰辛之事,但没有不拂晓的夜晚!"

这句充满力量的话语激励着年轻的羽生结弦,伴随他开启新的伟大征程。

磨难重重也**绝对要赢**
翩翩少年在冰上写诗

从大地震的灾难中艰难奋起后，羽生结弦逐渐进入了顶尖选手的行列。

2012年他师从著名的布莱恩·奥瑟教练，前往加拿大训练，随后他的技术突飞猛进。

为了激励自己，羽生结弦曾在日记本上写下"**绝对要赢**"四个字，而这也成了他的座右铭。

这个时期，羽生结弦拿到了自己第一个成年组的全国赛冠军，也开始在世界级的比赛中摘金夺银。

在过人的天资以及必胜的信念的加持之下，羽生结弦终于迎来了职业生涯第一个**高峰**。

**2013—2014 赛季
世界花样滑冰大奖赛总决赛**
羽生结弦以 99.84 分的成绩刷新了男单短节目世界纪录，并且以 293.25 分的总成绩赢得了他个人在该赛事的总决赛首冠。

2014 年索契冬奥会
羽生结弦以 101.45 分的成绩打破了他自己创造的男单短节目世界纪录，成为第一个在短节目中得分超过 100 分的选手，同时他还以 280.09 分的总成绩夺得索契冬奥会男单冠军，成为 66 年来最年轻的花样滑冰男单奥运会冠军得主。

2014 年世界花样滑冰锦标赛
羽生结弦首次夺得世界花样滑冰锦标赛冠军，他也由此实现了奥运会、世锦赛、大奖赛总决赛的大满贯。

（在花样滑冰比赛中，男子单人滑，简称男单。）

然而上天似乎在有意考验羽生结弦，当他的生涯到达第一个高峰之时，随之而来的便是无尽的泥泞沼泽。

2014年11月，世界花样滑冰大奖赛中国站，羽生结弦在男单自由滑赛前热身的时候不小心和另外一个选手相撞。

羽生结弦被撞得飞了出去，重重地摔倒在冰面上，鲜血立刻从他的头上、下巴上流了出来。

现场的医护人员赶忙跑过去，慢慢把他搀扶起来。随后，羽生结弦缓缓地滑向场边，被扶进了休息区接受治疗。

做了简单的包扎之后,羽生结弦想重新上场。"你没有必要成为英雄,身体才是最重要的。"奥瑟教练看着羽生结弦头上的纱布,眼中充满了心疼与不安。

羽生结弦冲着奥瑟教练微微一笑,转身看着冰场坚定地说了一个字:"**跳!**"

或许在羽生结弦的字典里,就没有"放弃"这两个字,正如他自己所说:"如果不逼自己,不挑战自己,就丢了作为运动员的初心。"

> 你还能上场吗?

> 没问题!

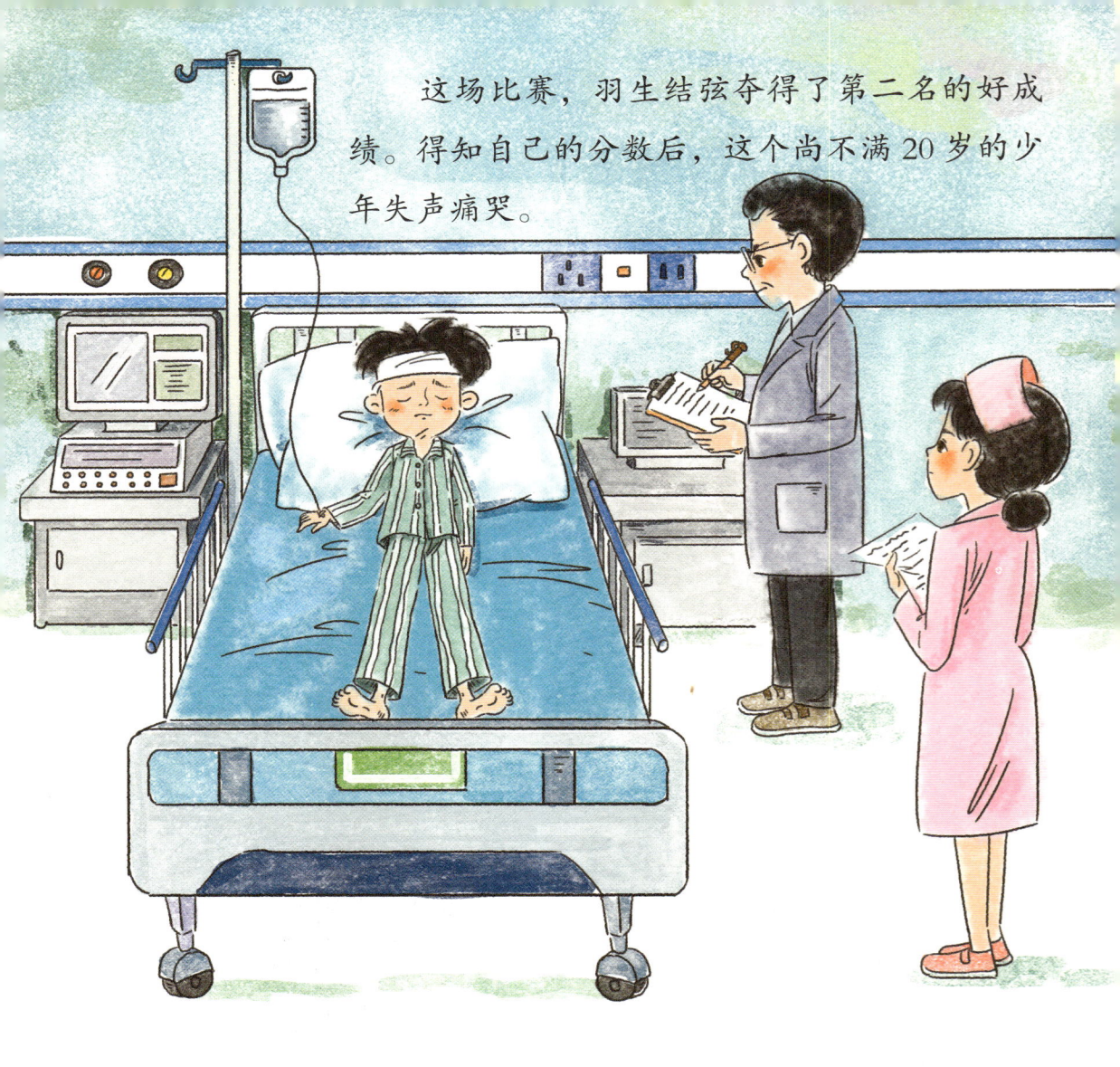

这场比赛,羽生结弦夺得了第二名的好成绩。得知自己的分数后,这个尚不满20岁的少年失声痛哭。

比赛结束以后,医生为他检查身体时才发现,他的头部、下巴、腹部、左腿都有不同程度的伤,右脚踝也扭伤了。

这个看起来柔柔弱弱的少年,竟然是忍受着**巨大的伤痛**完成的这次比赛,怎么能不让人动容呢?

然而，上天的考验没有因为这次惨烈的意外而终结，反而在往后的岁月里**愈演愈烈**。

2017年11月，距离平昌冬奥会只剩三个月，羽生结弦的右脚踝却在一次比赛的赛前练习中意外受伤，并且伤势非常严重。尽管心里非常着急，他也不得不停止所有比赛和冰上训练。为了让自己继续保持备战的状态不松懈下来，离开冰场的两个月里，羽生结弦反复观看自己之前的比赛录像。

在距离平昌冬奥会还有一个月的时候,羽生结弦终于能重回冰场了,他马上就投入到紧张的训练中。但此时他的右脚踝还没有完全康复,冰上训练带来的压力让他疼痛难忍。

性格坚忍的羽生结弦不想因为疼痛放弃比赛,为了不影响在奥运会赛场上的发挥,他决定服用**止痛药**。

这种治疗方式对于运动员的伤害是巨大的，因为感受不到疼痛，运动员往往会超负荷训练，使得伤病更加严重，甚至造成无法逆转的损伤，导致运动员的职业生涯长度大大缩短。

但羽生结弦还是选择了孤注一掷，**他愿意为了热爱的花样滑冰事业放手一搏，不留下任何遗憾地拼尽全力。**

2018年2月17日,平昌冬奥会江陵冰上运动场。电影《阴阳师》的配乐响起的一刹那,羽生结弦完全忘记了身上的伤病,化身冰上阴阳师,伴随着音乐翩翩起舞。

羽生结弦体态轻盈、身姿飘逸,动作时而优雅,时而霸气,让人看得如痴如醉。

中央电视台体育频道主持人陈滢激动地解说道:"容颜如玉,身姿如松,翩若惊鸿,婉若游龙。"

命运对勇士低语：

"**你无法抵御风暴。**"

勇士低声回应：

"**我就是风暴。**"

羽生结弦把音乐与滑冰结合得天衣无缝，完美地展现出了花样滑冰运动的优雅与力量之美。

所以尽管他在比赛过程中出现了一些小小的瑕疵，但这场表演已经被永远地载入花样滑冰史册了。

那天，羽生结弦如愿夺冠，成为66年来**第一个蝉联该项目奥运会冠军的人**。

身体重伤长时间缺席训练、身体康复之后再次遭受疼痛的折磨、吃止痛药上阵，这些难免会对羽生结弦的状态造成影响。但面对种种不利因素的叠加，羽生结弦依旧展现出了他与冰面的完美结合。

夺冠之后面对媒体的采访，这个在冰上写诗的翩翩少年微笑着说："谢谢我的右脚，一直坚持到了现在。"他还感谢了冰迷，甚至感谢了伤病："如果之前一帆风顺的话，我是拿不到金牌的。"

这就是羽生结弦，永远拼尽全力，永远心怀感激。

一生悬命，诠释热爱
冰上人如玉，公子世无双

日本有一个广为人知的短语"一生悬命"，意思是拼尽一生，用全部力量去做一件事。这个短语用在羽生结弦身上最恰当不过了。

2018年夺冠之后，羽生结弦已经是伤痕累累，也已经过了职业生涯的黄金年龄，他完全可以带着荣誉离开。这样人们记住的，全都是他耀眼的辉煌时刻。

但羽生结弦热爱花样滑冰，他选择"一生悬命"，为自己未竟的事业继续拼搏。

2018年蝉联奥运会冠军后的那个赛季，羽生结弦不仅没有选择退出，反而用更加严格的方式去要求自己。

2020年2月9日，羽生结弦赢得职业生涯首个四大洲花样滑冰锦标赛冠军，至此，他成为花样滑冰历史上包揽奥运会、世锦赛、大奖赛总决赛、四大洲锦标赛及世青赛、青年组大奖赛总决赛等国际大赛男单项目冠军的超级全满贯第一人。

然而，羽生结弦不会停下。"绝对要赢"不只是日记本上写下的四个字，而是羽生结弦贯穿职业生涯践行的准则。他要挑战花样滑冰史上最难的动作——4A！

对于羽生结弦而言，靠4A赢得冠军和金牌并不是一个明智的选择。因为冒险去做4A，他非常有可能出现失误，导致满盘皆输。但羽生结弦还是要试一试。

4A（阿克塞尔四周跳）

阿克塞尔跳是花样滑冰六种跳跃动作中唯一向前起跳、向后落冰的动作。由于起跳与落冰方向不同，阿克塞尔跳的空中转体要比其他跳跃动作多半周。因此，阿克塞尔四周跳实际需要空中转体四周半，对运动员要求非常高，是一种挑战人体极限的动作。

唉，对他有点失望呢！

他还能行吗？

  第三次参加奥运会的时候，羽生结弦努力尝试了4A，结果出现失误，错失奥运奖牌。有些人认为羽生结弦是自讨苦吃，为他感到惋惜，但这种自我挑战的精神恰恰彰显了羽生结弦的伟大之处。

  冠军和金牌对于他来说，已经没有了吸引力。他要努力把自己热爱的事业做到极致，不为金牌、不为冠军，只为追逐自己**最纯粹的热爱**。

太可惜了!

可不是嘛!

　　体育运动最大的意义或许就在于鼓舞,鼓舞怀抱理想的后辈、鼓舞彼此竞争的对手、鼓舞每一个在场外为之欢呼的普通人,不断打磨自己、不断精进技艺、不断挑战极限、不断成为更好的人。

　　而这就是羽生结弦带给我们的最珍贵的鼓舞——

为了热爱,拼尽全力。

在羽生结弦的鼓舞之下,许多儿童勇敢地踏上冰场,追随着羽生结弦的步伐而来。

正如当年那个受到偶像普鲁申科鼓舞、留着蘑菇头的小羽生,立下"我要在奥运会中超过普鲁申科"的志向。

羽生结弦用自己的经历,
　　向人们展示出体育运动的魅力。

羽生结弦为了自己热爱的花样滑冰事业，日复一日地努力付出。即使已经取得无数荣誉，他依然没有松懈，而是更加勇敢地挑战自己。

　　他就像登山一样，一步一步往上爬，**永不止步**。他竭尽全力追求热爱的人生，这值得所有人的掌声。

羽生结弦

YUSHENG JIEXIAN

日本

花样滑冰运动员

亚洲首位冬奥会花样滑冰男单冠军

66 年来首位蝉联冬奥会花样滑冰男单冠军的选手

共 19 次打破世界纪录

连续 5 个赛季世界排名第一

花样滑冰历史上超级全满贯第一人

2022 年 7 月 19 日宣布不再参加比赛

荣誉记录

体育名人堂

- 2 次冬奥会花样滑冰男单冠军
  （2014 年索契冬奥会、2018 年平昌冬奥会）
- 2 次世界花样滑冰锦标赛冠军
- 1 次四大洲花样滑冰锦标赛冠军
- 4 次世界花样滑冰大奖赛总决赛冠军
- 8 次世界花样滑冰大奖赛分站赛冠军
- 2019—2020 赛季国际滑联最有价值滑冰运动员
- 花样滑冰历史上超级全满贯第一人
  （奥运会、世锦赛、大奖赛总决赛、四大洲锦标赛及世青赛、青年组大奖赛总决赛等国际大赛）

花样滑冰

HUAYANG HUABING

简介

花样滑冰，冰上运动项目之一。运动员在音乐伴奏下，穿着底部装有冰刀的冰鞋，在冰面上表演各种技巧和舞蹈动作。比赛成绩由裁判组评估打分决定。花样滑冰是一个艺术与运动结合的体育项目，对运动员的冰上技术与艺术表现力都有极高的要求。

起源

花样滑冰起源于18世纪的英国，后相继在德国、北美地区国家迅速开展。1872年，奥地利首次举办花样滑冰比赛。1892年，国际滑冰联盟在荷兰正式成立，并制定了该项目的比赛规则。

重要赛事

冬季奥运会花样滑冰比赛　　世界花样滑冰锦标赛

四大洲花样滑冰锦标赛　　欧洲花样滑冰锦标赛

世界花样滑冰大奖赛

要求

场地

冬奥会和国际滑联的花样滑冰比赛通常是在长 60 米、宽 30 米的近似长方形的冰场上进行，冰层厚度一般是 3~5 厘米。

冰刀

花样滑冰的冰刀与普通冰刀最显著的不同在于其前端有刀齿。刀齿主要在跳跃中使用，不应用在滑行和旋转中。

服装

花样滑冰选手通常可以自由选择自己的服装，但必须庄重典雅，并且适合体育比赛。选手服装不得花哨、夸张或过度裸露，但可以反映所选音乐的特征。男选手必须穿长裤。此外，比赛中不允许使用配饰和道具，服装上的装饰品必须是不可拆卸的，部分服装或装饰掉落在冰上将被扣分。

配乐

花样滑冰比赛所有节目必须伴随音乐进行，但音乐风格可自行选择。过去，花样滑冰运动员只能选择不包含歌词的音乐。自1997—1998赛季开始，冰上舞蹈项目被允许使用带有歌词的音乐。自2014—2015赛季开始，所有花样滑冰项目都可以使用带有歌词的音乐。

比赛分类

花样滑冰项目可以分为单人滑冰、双人滑冰和冰上舞蹈。其中,单人滑冰又分为男子单人滑和女子单人滑,双人滑冰与冰上舞蹈都是由一男一女两位选手共同完成。

单人滑冰和双人滑冰的比赛都分为短节目和自由滑两项。短节目时长均为2分40秒,选手须完成跳跃、旋转、接续步等一系列规定动作。成年组自由滑时长均为4分钟,选手在动作和编排上有更高的自由度。在双人滑比赛中,男女选手还需要表演抛跳、托举、双人旋转等特有动作。

冰上舞蹈的比赛分为韵律舞和自由舞两项。韵律舞时长为2分50秒,成年组自由舞时长为4分钟。男女选手须近距离保持国标舞造型,紧扣音乐节拍表演复杂多样的步法,分开时间不能超过5秒。

(所有节目时长允许存在10秒的误差。)